数理化
原来这么有趣

李春雷◎编著

物理 上册

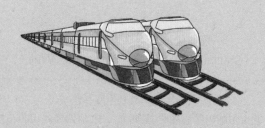

航空工业出版社

内容提要

本书以传说故事、生活中的现象、实际生产与生活中的科技应用为切入点，深入浅出地讲述了物理学的知识点，为青少年提供了一个独特的视角，把青少年引入学习科学的道路之上，从而培养起他们对科学的兴趣。

图书在版编目（CIP）数据

数理化原来这么有趣. 物理 ：全2册 ／ 李春雷编著. —— 北京 ：航空工业出版社，2021.7（2023.7 重印）

ISBN 978-7-5165-2536-4

Ⅰ．①数… Ⅱ．①李… Ⅲ．①物理－青少年读物 Ⅳ．① O-49

中国版本图书馆 CIP 数据核字（2021）第 076639 号

数理化原来这么有趣. 物理
Shulihua Yuanlai Zheme Youqu. Wuli

航空工业出版社出版发行

（北京市朝阳区京顺路5号曙光大厦C座四层　100028）

发行部电话：010-85672688　010-85672689

唐山楠萍印刷有限公司印刷　　　　全国各地新华书店经售

2021年7月第1版　　　　　　　　2023年7月第7次印刷

开本：787×1092　1/16　　　　　字数：280千字

印张：12.75　　　　　　　　　定价：198.00元（全6册）

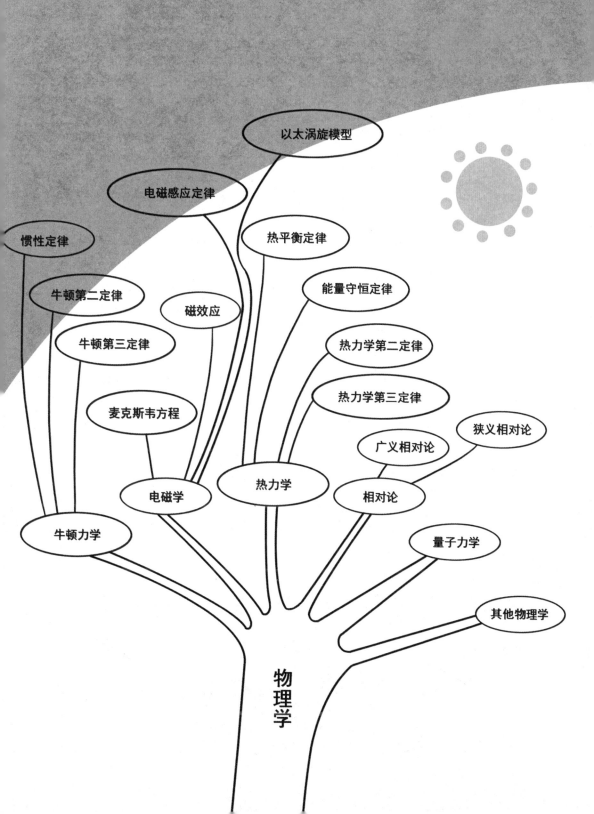

前言

有人说物理是枯燥乏味的，那些难懂的术语以及烦琐的实验让人倍感头疼；也有人说物理是生动有趣的，它蕴含着智慧和真理。看来，对待同一样东西，不同的人会有截然不同的看法。虽说众口难调，但本书的主要目的就是将物理学"烹调"成一道人人称赞的"营养书"，让孩子们在轻松愉快的阅读环境下吸收更多的物理知识。

物理学主要包括力学、热学、电磁学、光学等。如果你了解它们后，你会发现物理学是一门很有趣的学问。

当你走在苹果树下时，有没有期盼过熟透的苹果恰好掉在你的脚下呢？如果你有或者曾经有过这样的想法，那么翻翻这本书，看看力学的知识，你就会发现其中蕴藏的奥妙。

力学中有一部分称为声学。了解了声学的一些知识后，你会知道在登雪山时，是不能随便发出声音的；有一种声音叫次

声波，它是能伤人性命的。

接着看热学。在冷热交替中，很多事物都会发生变化。比如埃菲尔铁塔，在炎热的夏季，它会"长高"；在寒冷的冬季，它会"变矮"。

物理学中，电磁学是让孩子们最为苦恼的一个部分。但是，了解了它，你就可以及时有效地避开一些不必要的电磁伤害，可以自己动手修理小电器，这可是非常有意义的。

除了电磁学，光学也常常遭到孩子们的抱怨。理由是很多人不明白，为什么一束光，不仅能反射、折射，还能延伸出激光、X 光这些难懂的光。然而就是因为它们的出现，我们才能看到肉眼看不到的，并及早发现威胁人生命的疾病。

总之，物理学是一门闪耀着智慧的光辉、不断开阔人的思维的学科。而本书，以轻松的语言为"作料"，将物理学"烹调"得趣味横生，即使面对难懂的知识点，你也能一目了然。

CONTENTS 目录 上册

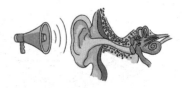

Part3 热学的奥妙

CONTENTS 目录 下册

Part5 光学奥妙

Part4 电磁学奥妙

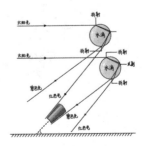

Part6 物理学家的趣闻

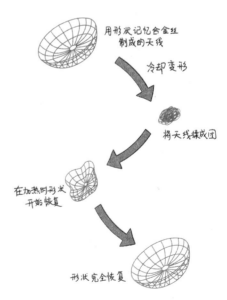

用形状记忆合金丝制成的天线

冷却变形

将天线揉成团

在加热时形状开始恢复

形状完全恢复

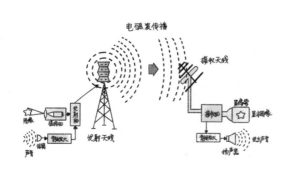

电磁波传播

接收天线

发射天线

扬声器

Part 1

力学的奥妙

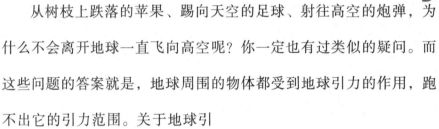

1 树上跌落的苹果
为何不会飞入太空

　　从树枝上跌落的苹果、踢向天空的足球、射往高空的炮弹，为什么不会离开地球一直飞向高空呢？你一定也有过类似的疑问。而这些问题的答案就是，地球周围的物体都受到地球引力的作用，跑不出它的引力范围。关于地球引力，是由英国科学家牛顿发现的。据说，他有一次在家里的小院思考，突然一只熟透的苹果砸到他的头上，正仰望天空的牛顿，突然间茅塞顿开，经过一系列实验，他提出了万有引力定律。

　　在 100 多年前，就有人幻想超越地球引力，坐着炮弹飞到月球上去。以当时炮弹的飞行速度，这显然是不可能实现的，因为在万有引力的作用下，就算向天空发射炮弹，只要炮弹速度不够，最后也只会落回到地面上，而不是飞入太空。

不过，牛顿在书中写到，如果使炮弹的速度达到每秒 7.9 千米，它就会绕着地球转圈，成为地球的卫星。每秒 7.9 千米即环绕速度，或者第一宇宙速度。而要使一个物体离开地球，必须沿着地球引力相反的方向对它加力，使它做加速运动，这个能够脱离地球引力的速度为 11.2 千米 / 秒。达到这个速度时，物体会脱离地球，改绕太阳转动。每秒 11.2 千米就叫作逃逸速度，或者第二宇宙速度。不过，它脱离的还只是地球的引力范围，如果把速度再增加到每秒 16.7 千米的速度，即第三宇宙速度时，飞行器就能脱离太阳的引力范围，可以飞到其他恒星世界之中去了。

万有引力定律揭示了天体运动的规律，在天文学和宇宙航行计算方面有着广泛的应用。它为实际的天文观测提供了一套计算方法，可以只凭少数观测资料，就能算出长周期运行的天体运动轨道，科学史上哈雷彗星、海王星、冥王星的发现，都是应用万有引力定律取得重大成就的例子。利用万有引力公式、开普勒第三定律等还可以计算太阳、地球等无法直接测量的天体的质量。牛顿还解释了月亮和太阳的引力引起的潮汐现象。他依据万有引力定律和其他力学定律，对地球两极呈扁平形状的原因和地轴复杂的运动也成功地做了说明，推翻了古人认为的神之力。

延伸阅读

　　引力是有质量的物体固有本质之一，地球上的每一个物体都会与另一个物体互相吸引。接近地球的物体，无一例外地都被吸引朝向地球质量的中心运动。

人造卫星
怎样克服地球引力

　　谈到人造卫星，人们总是和浩瀚的蓝天联系在一起，继而会想：它为什么能环绕地球运转，而不会掉回地面？要解释这个问题，就要联系到地球引力。人造卫星以至少每秒 7.9 千米的速度战胜地球对它的引力，从而围绕地球转动。1957 年 10 月 4 日，苏联发射了世界上第一颗人造卫星，揭开了人类向太空进军的序幕。之后，美国、法国、日本也相继发射了人造卫星。我国于 1970 年 4 月 24 日发射了自己的第一颗人造卫星"东方红一号"。

　　人造地球卫星是环绕地球在空间轨道上运行至少一圈的无人航天器，是人类"人工制造的卫星"。科学家用火箭把卫星发射到预定的轨道，使它环绕地球或其他行星运转，以便进行探测或科学研究。围绕哪一颗行星运转的人造卫星，就称它为哪一颗行星的人造卫星。如最常用于观测、通信等方面的人造地球卫星。一般来说，人造卫星会按照天体力学规律绕星球运动，卫星在不同的轨道上受非球形地球引力场、大气阻力、太阳引力、月球引力和光压等的影响，实际的运动情况非常复杂。

人造卫星也有发射不成功的时候，当它的速度低于每秒7.9千米时，它就会被地球引力拉回来。不过由于受到地球外围稀薄空气的阻力，人造卫星速度会渐渐减慢，最后坠入稠密的大气层，与空气摩擦产生高热，最终烧毁。如果以每秒11.2千米的速度飞上天空，就可以挣脱地球引力，成为围绕太阳运行的人造行星，或者飞到太阳系的其他星球上去。

还有一种依据天体力学规律运行的航天器是宇宙飞船，其主要功用是运送航天员、货物到达太空并安全返回，且只能一次性使用。这种设备是密封的构造，如中国神舟系列的飞船。它的运行时间一般是几天到半个月，可乘2~3名航天员，它能基本保证航天员在太空短期生活并进行一定的工作。虽然宇宙飞船是最简单的一种载人航天器，但它还是比卫星等无人航天器复杂得多，目前，只有美、俄、中三国能独立进行载人航天活动。

人造卫星是发射数量最多、用途最广、发展最快的航天器，其发射数量约占航天器发射总数的90%以上，它的优点在于能同时处理大量的资料并能传送到世界任何角落。依据使用目的，人造卫星大致可分为六大类：科学卫星：进入太空轨道，进行大气物理、天文物理、地球物理等实验或测试的卫星，如"中华卫星一号"；气象卫星：摄取云层图和有关气象资料；通信卫星：作为电讯中继站的卫星，如"亚卫一号"；军事卫星：作为军事照相、侦察之用的卫星；资源卫星：摄取地表或深层组成的图像，用以勘探地球资源的卫星；星际卫星：可航行至其他行星进行探测照相的卫星，一般称之为"行星探测器"，如"先锋号""火星号""探路者号"等。

延伸阅读

不管是宇宙飞船还是人造卫星都是由火箭发射出去的。火箭能使物体达到宇宙速度，克服或摆脱地球引力，进入宇宙空间，它是靠往后喷出的气体产生的反作用力前进的。要想克服地球引力，将航空器发射成功，必须使用多级火箭，这样才能达到每秒7.9千米的高速度。多级火箭是把两个以上的火箭首尾相连，当最底层的那级火箭燃料用完以后，它就会自动脱落下来，接着立即发射第二级火箭，第二级火箭燃料用完后也自动脱落，接着第三级火箭再发动起来……这样，装在最前一级火箭上的卫星或者宇宙飞船就能达到每秒7.9千米以上的速度，从而环绕地球飞行或飞出地球。

　　人在年少时，会幻想自己能像武侠片里的大侠那样，拥有"腾云驾雾，飞檐走壁"的绝技。不过，身怀绝技的大侠都是活在武侠小说和武侠电影中的，在现实生活中，纵使习武多年的人最多也只能往高处跳 2 米而已。在地球上，"腾云驾雾"是不可能实现的，但如果是在太空，这将会变得易如反掌。你只要轻轻一点脚，人就会飘起来，在空中飞来飞去。不过，这种飞翔有些不受自己的控制，因为此时人处于失重状态。

　　习惯了在地球的重力下生活的人，一旦进入太空这个失重环境，就会变得像是失去了自己。首先，自身重量会消失，行动起来就像天空中的飞燕，脚往后一蹬，就能从这头飞到那头，轻巧极了，此时想要站稳脚跟可不是一件容易的事。国外有些航天员为了能在太空中站稳，会穿上一种带磁性的鞋，并在工作地点的舱壁上包上铁皮，利用磁铁的力量来控制自己

的行动。其次，在失重的环境中，吃饭、喝水也会变得很麻烦，因为失重，装满水的杯子即使倒过来，水也不会就此洒掉，而是会随着杯子悬浮在空中。想要喝到水，就必须把水装在带有管子的塑料袋中，喝时把管子含在口中，轻轻压迫水袋，这样才会让水流入口中。吃的东西最好是压缩的，不能是散装的易掉屑的食物，因为这样会让它们漂浮起来。黏稠状的食物可以装在类似牙膏的软管内，这样食用起来才更方便。最后，在失重的环境里睡觉倒是一件再简单不过的事情。在这里，你用不着铺床铺被，想睡觉时只要钻进挂在舱壁的睡袋里就可以了。在睡袋里，不管你是站着、卧着，都会一样舒服。

有人说，失重可能会破坏人体的内环境平衡，使人的生理功能发生不可恢复的变化，身体不好的人离开了重力，还会因心力衰竭而

死亡。然而，当一批又一批人成功遨游太空后，却用事实证明：人在失重时，生理功能是会发生变化，但不像上述所说的那么严重。人体生理功能改变，主要是大量血液会涌向上身，骨盐代谢会发生紊乱，骨质出现脱钙现象等。这些变化，短时间内不会对人体健康造成损害，回到地球后都可以逐渐恢复。

根据失重这一物理现象，失重秤悄然产生。失重秤也叫减量秤，是一种间断给料连续出料的称重设备，用于连续测量散状固体喂料的体积及重量，如粉料、球料、片料、颗粒料和各种纤维。由于失量控制是在料斗中进行，可达到较高的控制精度，结构又易于密封，所以在粉料控制时与使用螺旋秤相比是一大提高。其主要特点是：给料准确，给料稳定，实用性强，性能可靠。

延伸阅读

　　失重，是指物体对支持物的压力小于自身的重力。重力，是指物体所受地球引力的一个分力。引力的大小与质量成正比，与距离的平方成反比。对于质量一定的天体来说，物体离它越远，所受到的引力就越小，在足够远的距离上，它的引力可以忽略不计，此时就会进入失重状态。在失重的条件下，会出现一些难以想象的奇妙而有趣的现象，它对人的生活及健康有着重要的影响。

当看到电视中有人乘着降落伞从飞机上跳下来时，不少人都会幻想着亲自体验一番，有些小孩子还会尝试拿把雨伞从高一点的台阶上往下跳，以此想象真正高空跳伞的感觉。降落伞真的是一样很神奇的东西，它能让飞行员从几千米的高空跳下来而毫发无伤。

在很多人心里，降落伞就是安全的保障，有了它，每一个乘坐飞机的人都可以从高空上跳下来，然后安全着陆。而事实并没有想象的这么轻松，对于乘坐大型客机的人来说，降落伞在很多时候并不能帮助他们脱离危险。之所以会这样，是因为大型客机通常在万米高空上飞行，此高度的空气极为稀薄，若是遇到空难，未穿防护服装的乘客一离开舱门，便可能因为体内压力大于外部气压，导致血液沸腾、身体过度膨胀，甚至会发生身体爆炸。所以，降落伞一般用于空降兵作战和训练、航空人员的救生和训练、跳伞运动员训练、回收飞行器等事项。它的主要组成部分有伞衣、引导伞、伞绳、背带系统、开伞部件和伞包等。其中伞绳是伞衣的骨架，采用的是空芯或有芯的编织绳，要求必须具备轻薄、柔软、强度高、弹性模量高等性能。

由于降落伞具有减速功能，因此被广泛应用于航天航空领域。降落伞种类很多，主要有：航空兵用伞，如救生伞、训练伞、刹车伞等；民用伞，如空脱伞、运动伞、牵引升空伞等；空降兵用伞，如伞兵伞、特种专用翼伞、工作伞、投物伞等；防空兵用伞，如航空照明弹伞、炮兵照明弹伞等。宇宙飞船在返回时，也是靠降落伞来减速的。

从本质上来说，降落伞就是一种气动力减速器，它主要由透气的柔性织物制成，可折叠包装在伞包或伞箱内，当需要它时就将它打开。在空气中，它会充气展开，使人或物体慢慢减速。降落伞在下落的过程中，会迫使空气从伞边缘流过，并形成湍急的涡流，涡流会在伞的边缘形成一个接一个的低压区域，因此，降落伞会在与水平方向成60°的夹角范围内来回摆动，而这种摆动会给着陆带来危险。为了避免这种情况发生，降落伞的顶部通常会留有一个圆洞，让降落伞中心轴线方向上的部分空气不断从孔中流出去，这样，伞顶面上的涡流就被打破了，伞的摆动也会缓慢很多。

据说，在第一次世界大战（一战）期间，一位法国飞行员正在2000米高空飞行的时候，发现脸旁边有一个小玩意儿正游动着。飞行员以为是一只小昆虫，就顺手把它抓了起来。当他拿到眼前一看时却惊呆了，发现竟然是一颗发烫的德国子弹，幸好他当时戴着皮手套，才没有被灼伤。这件事听起来是很让人匪夷所思的：一个没有任何特异功能的普通人，怎么可能徒手抓住飞行的子弹呢？

因为是在一战期间，所以上面故事中的主人公抓住的应该是狙击步枪的子弹。狙击步枪子弹的飞行速度为800～1000米/秒，一般来说，人在以这种速度行进的物体的冲击下，是会受伤的。不过，由于空气的阻力，子弹的飞行速度会逐渐慢下来，在它即将跌落之前，其速度只有40米/秒，而普通的飞机速度都大于40米/秒。因此，很可能出现这种情况：飞机跟子弹的方向和速度相同，这颗子弹对于飞行员来说，就是静止不动的。又或者飞机飞得比子弹略快，飞行员的手往后一伸，就能抓到子弹。

至于子弹为什么是热乎乎的，那是因为它穿过空气时与空气发生了摩擦，这样的摩擦会产生接近100℃的高温。

在杂技表演中，演员从一辆飞快行驶的车上跳到另一辆速度相同的车上，这就体现了运动和静止的相对性。相对于观众来说，车和演员都是运动的，但是对于演员来说，两辆车就是相对静止的，他可以轻松地跳到对于他来说静止不动的另外一个车子上。

延伸阅读

运动是绝对的，静止是相对的。相对静止是针对绝对静止而言的，绝对静止的物体是不存在的。静止只是一个物体对于它周围的另一个参照物保持位置不变。判断一个物体是在静止中还是在运动中，必须选择合适的参照物。选择的参照物不同，物体的运动状态就不同。例如，坐在火车里的人如果以火车为参照物，那么，他就是静止的；如果他以地面上的树木或建筑物为参照物，那他就是运动着的。

6 船为什么要逆水靠岸

我国南方江河较多，以至于轮船成为较为常用的交通工具。渡船过江比起坐汽车、火车来，更有一番别样的味道。乘过船的人，稍微留心就会发现，船在行至岸边时并不会立即靠岸，而是要绕一个大圈子，先让船逆着水行驶一会儿，才慢慢地靠岸停船。那么，船为什么不一鼓作气地冲到岸边，而是要逆水靠岸呢？

如果用物理知识来回答，就要用到相对速度这一概念。船在靠岸时，动力已经关闭，靠惯性在水上漂浮，假设水流的速度为 2 千米/时，而此时它自身的行驶速度为 3 千米/时，那么船顺水行驶时的速度应为船自身速度加上水流速度，即 5 千米/时；逆水行驶时应为船速减去水的流速，那么船的速度只有 1 千米/时。我们知道，要想使船停下来，当然是船速比较慢时容易做到。所以，使轮船逆水靠近码头，就可以利用流水对船身的阻力，起到制动的作用，使船慢慢停下来。而遇到紧急情况时，要想使船快速停下来，可以采用"开倒车"及抛锚的办法。

相比于海面，在陆地上行驶的交通工具想要停下来就简单很多，原因就在于自行车、汽车和火车这些交通工具上都有制动装置，制动装置安装在贴近轮子的部分，刹车时用以增加轮子转动时的摩擦力，使车子即时停下来。比如，我们想要自行车停下来，只要刹一下闸，闸连接着的贴近轮子的橡胶闸皮就会紧贴在轮子上，闸皮与轮子的摩擦力就会使自行车迅速停下来。

延伸阅读

惯性与物体的质量有关，质量大的惯性也大。当一个物体掉进水里时，它在水里与在空气里的惯性是一样的。不过，虽然惯性一样，但因为水的浮力要比空气大很多，所以在水中的运动加速度会降低。

没有摩擦力的
世界很可怕

日常生活中，我们常常会因为摩擦力的存在而感到烦恼。一个新书包、一双新鞋、一件新衣服穿了一段时间，就会因为摩擦而慢慢变旧、变破，变得不再让人赏心悦目。喜欢的自行车轮轴如果长时间不加润滑油，骑起来就十分费力。总之，因为有了摩擦的存在，很多事情都变得不如人意。人在不如意的时候，就会想，如果这个世界上没有摩擦力该有多好。

虽然摩擦力的存在给人们带来了很多困扰，但人类却离不开它，一旦失去它，整个世界就会像失去控制般变得危险重重，人们也将变得寸步难行。想一想，当我们吃饭时，是怎样通过筷子将食物送到口中的？其实，这就是借助了手、筷子和食物间的摩擦力。有了摩擦力，手才能握住筷子，筷子才能夹住食物，而没有了摩擦力，人们将无法摄取食物。同样，没有摩擦力，我们就不能手握工具，不能劳动。人们之所以能够平稳地行走，也是利用了鞋底和地面间向前的摩擦力。下雪后走在结冰的路上，一不小心就会滑倒，就是因为摩擦力变小了，而如果彻底失去摩擦力，人们将无法走路。没有摩擦力，我们将没有任何衣服、鞋袜可穿，因为布是靠棉纱的经线和纬线间的摩擦力而交织在一起的。没有摩擦力，我们将无法睡在床上，因为床不可能绝对水平，你一定会从较高的位置滑下而摔到地上；地也不可能绝对水平，你就又会被滑到房间地面最低的墙角处。没有了摩擦力，地球会像流体一样，变成一个一点高低都没有的圆球。

在应用力学里，常常把摩擦说成是最不好的现象，不过在其他很多情况下，我们还应当感谢摩擦，它让我们不用担心握不住东西，不用害怕走路滑倒，我们买了新的桌椅，只要把它们安置在一个较为平整的地面上，就不用担心它们会滑向一边，因为摩擦力会保证它们的稳定。当然，有时摩擦力小也是有好处的，如我们利用雪橇在冰上行走，在平滑的冰路上，用两匹马可以拉动装着70吨木材的雪橇。

在工程技术中人们往往通过施加润滑剂的方法来减小摩擦。

延伸阅读

　　摩擦力是两个表面接触的物体相互运动时互相施加的一种物理力。广义上讲，物体在液体和气体中运动时也受到摩擦。物体之间产生摩擦力必须具备以下三个条件：①物体间相互接触后挤压，发生形变；②物体间接触面粗糙；③物体间有相对运动趋势或相对运动。

有这样一个故事：一辆急速行驶的公交车上挤满了乘客，在司机急刹车时，一个站着的小伙子因为没抓紧扶手，猛地撞到了旁边一位女士身上。女士板着脸瞅了小伙子一眼，厌恶地说道："瞧你那德行！"小伙子脸一红，呵呵道："不是德行，是惯性。"一句话，把女士和车上的其他乘客逗得哈哈大笑。在这个故事里，小伙子就是吃了惯性的亏，好在他用机智帮自己化解了尴尬，没让事情恶化下去。

一提到惯性，多数人会想到力，认为惯性就是一种力，而实际上，惯性和力是有很大区别的。惯性是指物体具有保持静止状态或匀速直线运动状态的性质，它只有大小，没有方向和作用点，惯性大小可以用质量大小来衡量；而力是指物体对物体的作用，只有物体与物体发生相互作用时才会产生力，离开了物体就没有了力。惯性是保持物体运动状态不变的性质，力作用则是改变物体的运动状态。另外，惯性大小与物体运动的快慢无关。"汽车行驶越快，其惯性越大"是不正确的，运动快的汽车难刹车是因阻力大小有限，如果增大阻力，它也会很快停下来。

惯性存在于生活中的方方面面，如烧锅炉的师傅向炉灶内加煤时，铲子往往并不需要进入灶内，而是停在灶前，煤就顺着铲子运动的方向进入灶内，这是利用了煤的惯性，煤离开铲子后还会保持原来向前的运动状态。惯性在现代科学技术中的运用相当广泛，如发射卫星时就需要借助惯性，让卫星更轻松更省力地发射出去。当你骑自行车离目的地还有一小段距离时，你不踩自行车，自行车也会继续前行，滑行到目的地，这就是惯性的利用。

延伸阅读

牛顿第一运动定律又称惯性定律，它科学地阐明了力和惯性这两个物理概念。惯性定律是研究物体在不受外力作用时如何运动的问题，是一条运动定律，它指出了"物体保持匀速直线运动状态或静止状态"的原因是惯性，而惯性是一切物体固有的属性，它不随外界条件的改变而改变。

鸡蛋为什么握不碎

将鸡蛋放在手心，整只手握住鸡蛋，尽量用力（注意：是握，不是捏）。此时你会发现，鸡蛋竟会完好无损。说来奇怪，一个小小的没有多少重量的鸡蛋，怎么能抵抗得住整个手施加的握力呢？其实，鸡蛋本身并没有神奇之处，之所以握不碎它，是因为均匀用力的作用。如果不再用握的方式，而改成用两只手指捏鸡蛋，那么鸡蛋很快会被捏碎。

鸡蛋的蛋壳是很薄的，但不能因为这样就以为它很脆弱。这里有三点可以说明鸡蛋蛋壳的牢固性：第一，蛋壳

是由碳酸钙构成的，碳酸钙是构成石头的主要元素。第二，蛋壳是一个全封闭的均匀薄壳，当用力握住鸡蛋时，鸡蛋周围对蛋壳施加的握力会通过蛋壳自身的适应性演变成均匀的分布受力，当对鸡蛋均匀施加压力时，它反而会变得更加坚固。第三，鸡蛋壳的两头较为突出，呈现拱形，而拱形是最稳固的形状之一，它更容易让自身受到的力分散到各个部位，从而均匀受力。不过，一旦鸡蛋受力不均匀，某个点上受力过重，它就会裂开。正是因为这些原因，母鸡不必担心自己身体的重量会将蛋壳压破，如果蛋壳内的小鸡想要看见外面的世界，只要用嘴巴啄几下蛋壳，就可以破壳而出了。

根据均衡受力原理，拱形是最稳固的形状，因此人们造出了赵州桥，尽管拱桥的结构看起来比较简单，但是无数车辆从桥身上辗过，它仍旧岿然不动。此外，人们根据均衡受力原理，还设计出了拱门、拱形窗、隧道、安全帽、电灯泡等。电灯泡看起来好像很脆弱，实际上却极其坚固，这同蛋壳的原理是一样的。与蛋壳相比，电灯泡的坚固性要更惊人，以一个直径10厘米的真空灯泡为例，它的两面可以承受75公斤以上的重量，相当于一个人的重量。

延伸阅读

拱形就是有弯曲弧度的形状。拱形受到压力时，能把向下压的力向下和向外传递给相邻的部分。拱形的各部位在受到压力时，都会产生一种向外的推力，如果能抵住拱形的外推力，将会承受巨大的压力。比拱形更为坚固的形状是球形，球形可以看成若干个拱形的组合，球形的任何一个地方受力，力都可以向四周均匀地分散开来，这和拱形受压力的特点相同。

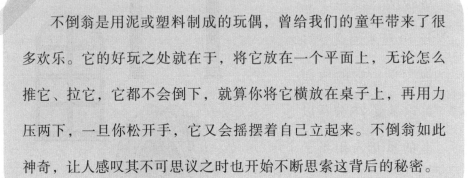

10 不倒翁为何永远不倒

不倒翁是用泥或塑料制成的玩偶，曾给我们的童年带来了很多欢乐。它的好玩之处就在于，将它放在一个平面上，无论怎么推它、拉它，它都不会倒下，就算你将它横放在桌子上，再用力压两下，一旦你松开手，它又会摇摆着自己立起来。不倒翁如此神奇，让人感叹其不可思议之时也开始不断思索这背后的秘密。

不倒翁之所以不会倒下，关键在于它的体型和它的底部近似半圆球形。对任何物体来说，要使它稳定，不易翻倒，需要具备两个条件：第一，底面积要大；第二，重心要低。物体的重心是其所受重力的作用点，所以当重心越是靠近底部时，就越稳。不倒翁就具备这两个条件。它的上半身是用比较轻的材料做成的，但在它身体内的底部有一块较重的铅块或铁块，因此它的重心很低。另外，不倒翁的底面大而圆滑，容易摆动，当它向一边倾斜时，它与桌面的接触点就会发生变动，从而让重心和支点不在同一条铅垂线上，这时候，不倒翁在重力的作用下会绕支点摆动，最后回归原位。

不要以为用力向下按压不倒翁，它复位的速度就会变得缓慢。其实，不倒翁倾斜的程度越大，其重心离开支点的水平距离就越大，重力产生的摆动效果也越大，使它恢复到原位的趋势也就越显著。所以，不倒翁是永远推不倒的。

对于任何物体来说，底面积越大、重心越低，它就越稳固、越不易翻倒。比如，在快速行驶的车里，站着的人把腿叉开并把身体降低，就不容易摔倒；箱子平放比竖放更稳固；塔形建筑物总是下面宽上面窄。

延伸阅读

像不倒翁这样，在被移离开它的平衡位置后，能自动恢复原位置的平衡状态，在物理学上叫作稳定平衡。一切物体都处于不变和变化的矛盾过程中，不变意味着物体处于一种平衡状态，当外在的因素对物体的平衡状态产生一定影响后，物体会因为内在因素而在一定限度范围内恢复原来的平衡状态。

在北方，很多男孩子都玩过抽陀螺这个游戏。不会抽的、抽不好的，总是会羡慕身边玩这个游戏的高手，陀螺在那些高手的鞭子下，不停地旋转，好像总也倒不了似的。在这个游戏中，把鞭子甩好是很重要的，当在地上旋转的陀螺慢下来时，只要冲着它抽上一鞭子，它就会重新快速地旋转起来，让人怎么玩也玩不够。

陀螺之所以能在鞭子的抽动下快速旋转，跟它的形状有关。陀螺的形状通常是上平下尖，尖的一头就可以作为轴来旋转，当鞭子给它一个动力时，它就高速旋转起来。对于高速旋转的物体来说，它们有一个共同的特征，就是表面上的每一个点与转轴之间的距离不会改变，每个点都在与转轴相垂直的平面里做圆周运动。于是，在陀螺旋转起来后，各部分都有了水平方向的速度。在惯性的影响下，陀螺转动又具有一定的稳定性，使其转动平面和相垂直的轴

线的方向保持不变。另外，为了使陀螺的旋转轴保持竖直，必须使它的转速大于某一临界值，如果转速小于这个临界值，陀螺就会慢慢停下来，这就是为什么要用鞭子沿水平方向不时抽打陀螺的原因。

在英语中，陀螺就是"回转体"的意思，从大的范围上说，凡是回转体都可以看作陀螺。在我们生活的空间里，到处可以看到陀螺，小到原子，大到地球，都是回转的陀螺。像我们玩的空竹，飞速旋转的芭蕾舞，杂技里的转碟、耍盘子、扔帽子等都是利用了陀螺原理。

延伸阅读

在物理学上，陀螺是典型的用来描述物体动态平衡的模型，它具有定轴性、进动性等物理特性。陀螺在旋转的时候，不但围绕本身的轴线转动，还围绕一个垂直轴做锥形运动。也就是说，陀螺一面围绕本身的轴线做"自转"，一面围绕垂直轴做"公转"。当陀螺受力旋转时，它各方向的离心力总和会达到平衡，不过在空气阻力、地面摩擦以及陀螺重心问题等因素的影响下，陀螺旋转的速度逐渐减弱，等旋转的动力消失时，陀螺也就慢慢倒了下来。

12 跑弯道时
身体为什么要向内倾斜

如果经常看体育比赛就会发现，田径比赛中的运动员在跑弯道时，身体都会有意识地向内倾斜。如果你不知道运动员这样做的原因，可以亲自去操场体验一下，当你要转弯时，注意一下，自己是否也会下意识地向内倾斜身体。其实每个人在跑道的转弯处转弯时，身体都必须向内倾斜，如果不这样做，转弯就变得困难，身体还有可能向外摔倒。

如果运动员没有跑弯道，而是沿直线向前跑，那么他就要保持直立状态，使地面给他的力向前。假设此时他将身体故意向一侧倾斜，他受到地面给他的一个侧向的力，这样，他就会向倾斜的那一侧摔倒。而当运动员跑弯道时，做的是曲线运动，此时会受到向心力的作用，这个力是地面给运动员的，是运动员蹬地时地面对运动员的反作用力的一部分，此时身体向内倾斜，地面既可以提供向心力又可以提供人前进的动力。为了顺利转弯，运动员必须将自己的身体向内倾斜，以此来平衡向外倾斜的趋势，这样才不会摔倒。同样道理，自行车转弯、汽车转弯等，都要向内倾斜，以克服向外倾斜的作用力，达到顺利转弯的目的，而且速度越快，向内侧倾斜越明显。

向心力可以应用在生活中的很多领域，公路中的弯道设计也考虑到了向心力的影响因素。

延伸阅读

为了使一个物体沿着圆周运动，就必须给该物体一个指向圆心的力，这个力被称作向心力。向心力是从力的效果来命名的，它不是具有确定性质的某种类型的力，相反，任何性质的力都可以作为向心力。向心力的方向是不断改变的，会沿着半径指向圆心，它的作用是维持物体的圆周运动。

13 做漂亮旋转动作时
为何紧缩身体

奥运会比赛中，人们都很热衷于观看体操、跳水、花样滑冰等项目，在这些项目中，力与美充分地融合在一起，让人在替运动员捏把汗的同时，更有赏心悦目之感。如果细心观看，会发现运动员们在做旋转运动时都会尽可能地先将身体缩小，之后再完成一连串优美的高难度动作。由此可以看出，缩小身体会对完成旋转动作有着非常重要的作用。

原来运动员和舞蹈演员这样做，是巧妙地应用了物理学上的角动量守恒定律。根据这个原理，在满足守恒条件的情况下，要使旋转加快，就应当减小转动惯量；要使旋转减慢，就应当增大转动惯量。所以体操运动员要加快旋转时，第一步，尽量用足尖着地，减小旋转阻力。第二步，运动员尽量收紧身体，收拢手臂和腿足，以减小身体对旋转轴的转动惯量，从而使旋转角速度增大，这样就可以顺利地完成旋转动作了。一般来说，一个通过头、足的纵向轴旋转的运动员或演员，可以通过上述动作使转速增大1.5倍；而在空中绕自身横向轴旋转的运动员，则可以将转速提高2倍或3倍。完成旋转后，运动员想要顺利落在垫子

上或进入水中，就必须采取与上面相反的动作，要伸开腿脚，放开身体，使转动惯量增大，相应地减小旋转角速度。

角动量守恒定律还有一个神奇之处，就是它能让从阳台上掉下来的猫平安着地，而且越是从高的地方掉下来，它的平安系数也就越高。因为猫本身有着非常良好的平衡机体，在从空中掉下来的过程中，就算是背

面朝下，它也能迅速地转过身来，在快要接触到地面时，它的柔韧且灵活的前肢已经做好了着地的准备。另外，猫的尾巴还是一个优秀的平衡器官，能够随时使它的身体保持平衡。

人们根据角动量守恒定律，发明了导航仪。导航仪的常用功能有：地图查询，它可以在操作终端上搜索你要去的目的地位置，记录你常要去的地方的位置信息并保留下来；路线规划，GPS 导航系统会根据你设定的起始点和目的地，自动规划一条路线；画面导航，在操作终端上有地图，上面会显示车子的即时位置、速度、与目的地的距离等；语音导航，用语音提前向驾驶者提供路口转向、导航系统状况等行车信息，就像一个懂路的向导告诉你如何驾车去目的地一样。

延伸阅读

角动量守恒定律是物理学的普遍定律之一，是反映质点和质点系围绕一点或一轴运动的普遍规律。根据力学原理，一个转动系统在不受外力矩或所受外力矩矢量和为零时，其角动量将保持不变，也就是说，物体绕转轴转动的角速度与物体对转轴的转动惯量的乘积是一个不变的恒量。角动量守恒定律使地球自转轴的方向在空间保持不变，因而产生了季节变化。

Part 2

声学的奥妙

声音为何在
固体里传播快

这个世界因为声音的存在而变得十分美好，你知道人是怎么听到声音的吗？这要从物体的振动说起，物体的振动会通过介质传播，当振动传入人的耳朵时，会使鼓膜发生振动，然后传递到听神经，人就听到了声音。我们说话时，声音是在空气中传播的，但声音也可以在固体和液体中传播。由于介质的不同，声音的传播速度也不一样，那么，声音在哪种介质中传播得更快呢？

经科学家测定，声音在固体和液体中的传播速度通常都比在气体中快得多，在0℃时，声音在空气中的传播速度为332米/秒，在水中的传播速度为1450米/秒，在海水中的传播速度为1500米/秒，在钢铁中的传播速度为5050米/秒，而在地幔岩石中的传播速度可达到8000米/秒。声音的传播速度与介质的弹性模量成正比，与介质的密度成反比。固体和液体的密度比气体的要大得多，按理说，声音在固体和液体中的传播速度应小于在空气中的传播速度。但由于固体和液体的弹性模量远远大于气体的弹性模量，大到它对于声音的影响程度远远超过了密度对声音的影响，从而致使传播速度要快于空气。不过也有例外，有一些固体物质的弹性模量很小，如铅在受到外力敲击后不能像钢铁那样恢复原来的形状，因而铅中的声速仅为 1200 米 / 秒；橡胶具有多孔性和特殊的化学结构，因此橡胶中声速更小，只有 62 米 / 秒。

古代士兵夜晚休息时通常把头枕在牛皮制的箭筒上，这样就可以听到从很远处传来的敌人的马蹄声。而士兵们之所以能够听到马蹄声，就是利用了声音在固体中传播速度快这一原理。马蹄钉有铁掌，敲击地面时，会引起地面的振动，从而发出声音。马蹄声可以通过空气或地面传播，通过地面传播速度更快，而且能量损失少，可以使声音传到更远的地方，这对防御侵袭很有帮助。

延 伸 阅 读

声音通过固体传播时，固体分子在各自的平衡位置附近振动，平衡位置不会改变。由于分子间结合得很紧密，振动很容易从一个分子传递给另一个分子，这就使声音在固体中的传播很快。声音在液体中传播时，液体分子在各自的平衡位置附近振动，但由于液体具有流动性，它的平衡位置是可以移动的，所以，尽管液体分子间结合得很紧密，但液体中声音的传播速度还是小于固体中的传播速度。声音在气体中传播时，由于气体分子间距大且能够自由运动，不容易传递振动，所以传播速度明显小于液体和固体中声音的传播速度。要注意的是，气体分子运动的快慢和温度有关系，温度越高，运动越快，所以当声音在气体中传播时，会随着温度的增高而加大。一天之中夜间的声音传得最远，就是因为夜间地面温度低，此时空气密度大，声波向地面折射，更有利于声音的传播。

当病人腹部不舒服时，医生就会用一个挂在脖子上的听诊器贴在病人的胸前、背后仔细听。听完后，他会给出结论，或者是肠胃炎，或者是腹部积水。总之每次都很准，这不禁让人产生疑问：他是怎么听出来的呢？想要知道答案，请你  仔细观察他的听诊器，你会发现，听诊器贴在人身体上的部分是一个圆形的蒙着金属薄膜的小圆盒，它连在一段空心橡胶管上，管的另一端是两条金属腿，夹在医生的两耳中。听诊器为什么要用这样的材料制成呢？

原来，人在得病时，身体的某些部分就会发生异常的变化，如肺里有杂声、心脏跳动不规律或是胸腔、腹腔有积水。通过用金属听诊器听诊，可以很清楚地听到身体里的变化。最初，医生是直接将耳朵贴在病人的身体上听诊的，但这样做效果不理想。后来，人们发明了听诊器，才解决了这个问题。据说，听诊器的发明源于一次偶然事件：一天，一位医生在公园的长椅上休息，他看到两个孩子用一段树枝贴在长椅上，仿佛在听着什么，医生好奇地模仿着孩子们的动作，令他十分惊异的是将树枝贴在长椅上，听到的声音比平时听到的要响很多，而且也清楚得多。基于这个发现，他用空心木管做了一只木质听诊器，后来，人们改用金属来做听诊器，通过金属听诊器，医生不仅能更清楚地听到病人身体内部发出的声音，还可以根据声音的不同判断出病人所患的疾病。

工厂里经验丰富的工人师傅把螺丝刀放在运行的机器上，将耳朵贴在螺丝刀上仔细听，也可以通过机器发出的声音判断机器运行是否正常。

把怀表的圆环用牙齿咬起来，两只手掩紧两只耳朵，你会听到很重的打击声，滴答声被加强了许多倍。贝多芬耳聋以后，据说就是用一根木棒听钢琴演奏的，他把棒的一端触在钢琴上，另一端咬在牙齿中间，以此来听声音。

延伸阅读

声音的传播需要物质，物理学中把这样的物质叫作介质。声音在不同的介质中的传播速度不同：真空 0m/s，空气（15℃）340m/s，空气（25℃）346m/s，软木 500m/s，蒸馏水（25℃）1497m/s，海水（25℃）1531m/s，煤油（25℃）1324m/s，铜（棒）3750m/s，大理石 3810m/s，铁（棒）5200m/s，铝（棒）5000m/s。

16 怎样用声音
代替量尺测距

法国著名的科幻小说家儒勒·凡尔纳在他的小说《地心游记》里有这样一段描述：教授和他的侄子在地心旅行时走散了，彼此看不到对方，但是能听到声音。侄子问叔叔："我们两个之间距离有多远？"教授回答："盯紧你的手表，大声喊我的名字，喊的时候记住上面的秒数，听到你的回复后，我会立刻回应你，当你听到我的声音时，再次记下秒数。"最后，两个人得出了大概的距离。

知道了声音在空气里的传播速度，在某些情形下就可以用它来测量不可接近的物体间的距离。上面提到的小说中的教授和侄子，就是利用了声音在地心中的传播速度而判断出他们之间的大概距离的。教授让侄子记下从自己发出声音到听到他的回复所用的时间，然后将这个时间除以 2，最后得出的时间就是声音从他们两个人的这一头传到那一头所需要的时间。两个人通过喊话得出，声音从这个人传到另一个人需要 20 秒，而声音在地心每秒钟大概要走 333 多米，这样算下来，20 秒相当于要走 6.22 千米，可见，叔侄两人之间相距 6.22 千米之远。

声波在不同介质中传播时，其传播速度也不相同。声波测井就是利用声音在岩石中的传播速度等特征来判断固井质量的一种测井方法。工程地质勘察中应用最多的是声速测井。

延 伸 阅 读

声速又称音速，是指声波在介质中传播的速度。声波会在不同密度的媒质分界面发生反射与折射，反射波速度并不会发生任何损失。分界面两侧的媒质密度之差是决定波动的反射量与折射量的原因之一，媒质密度差越大，反射量越大，反之折射量越大。音速的传播速度与传递介质的材质状况有绝对关系，而与发声者本身的振动速度无关。

17

真空状况下
还能听到声音吗

对于很多课业繁重的学生来说，起床是一件很困难的事情，尤其是在冬天，恨不得赖在被窝里不出来，而这样就会导致上课迟到。为了避免睡过头，同学们会在前一天晚上将闹钟调好。当听到闹钟叮铃铃作响时，就会被闹醒，继而乖乖起床。在这里，不妨思考这样一个问题：假如将闹钟放入一个密封的玻璃容器里，并把里面的空气全部抽掉，使它变成真空，我们还能听到闹铃声吗？

将闹钟放入真空中，我们是不会听到任何声音的，因为真空中不存在传播声音的媒介。300多年前德国科学家奥托·格里克就做过这个实验，他发现声音是通过空气传播的，在没有空气的真空中人们将听不到声音。声音实际上是一种波动，即声波。声波的存在和传播需要两个条件：波源和介质。想要让闹钟响起来，除了需要闹钟这个波源，还需要能够传播声音的介质，即空气。空气属于气体，除气体外，能够传播声波的介质还有固体和液体。作为波源的闹钟先使这些介质里的分子振动起来，然后再通过它们把振动传递到人们的耳朵里，耳朵里的鼓膜随之振动时，人就听到了声音。如果把闹钟放在真空的玻璃器皿里，就没有了介质，自然也就无法通过介质的振动将声音传播出去。同样道理，在没有空气的太空里或星球上说话，也无法让别人听到。

空气粒子振动的方式跟声源体振动的方式一致，当声波到达人的耳鼓的时候就引起耳鼓同样方式的振动。不同的声音就是不同的振动方式引起的，它们能够起到区别不同信息的作用。声音是指可听声波的特殊情形，人耳能够分辨风声、雨声和不同人的声音，也能分辨各种言语声，它们都是来自声源体的不同信息波。

延伸阅读

声源体发生振动会引起四周空气振荡，这种振荡方式就是声波。声波也可以理解为声音以波的形式传播。声波借助各种介质向四面八方传播，在开阔空间的空气中，它的传播图像是一种球形的阵面波，就像逐渐吹大的肥皂泡。除了空气，水、金属、木头等都能够传递声波，它们都是声波的良好介质。但在真空状态中声波就不能传播了。

在武侠小说中，时常会出现这样一个桥段，一位武林高手在与众多高手对决时，忽然发出一种名为"啸声"的呼喊，他的对手立刻捂起耳朵，或是狼狈逃跑，或是当场口吐白沫。读者读到这里时，总免不了在心里对大侠赞叹一番。不过，小说毕竟是小说，纵使是资深的武侠迷，也不会幻想现实生活中真的有如此具有杀伤力的声音出现。然而，在这个世界上，有一种声音确实能伤人于无形，它的威力堪比武侠小说中的神功。

1948 年年初，一艘荷兰货船在通过马六甲海峡时，恰遇海上风暴，对风暴司空见惯的海员们并没有因此而担心，然而在这场风暴过后，全船海员却莫名其妙地死去了。这引起了科学家们的关注，经过反复调查，终于查出事件的元凶，是一种人

们并不熟悉的声波——次声波，它是风暴侵袭海面时，与海浪摩擦产生的。

次声波是一种人耳听不到的声波，每秒钟振动数很小，声波频率很低，一般均在20赫兹以下。次声波会干扰人的神经系统的正常功能，危害人体健康，当它到达一定强度时，会使人头晕、恶心、呕吐、重心不稳以及精神沮丧。强度过高时，还会使人耳聋、昏迷、精神失常甚至死亡。次声波之所以会有这么强的杀伤力，是因为它的振动频率和人体内脏固有的振动频率相似，都处于0.01 ～ 20赫兹之间，当外来的次声频率与人体内脏的振动频率接近时，就会引起人体内脏的"共振"，使人产生一系列不适症状。当人的腹腔、胸腔等固有的振动频率与外来次声频率一致时，更容易引起人体内脏的共振，使人体因内脏受损而丧命。有人认为，晕车、晕船就是车、船在运行时产生的次声波造成的；住在十几层高的楼房里的人，遇到大风天气，会感到头晕、恶心，也是因为大风使高楼摇晃产生次声波的缘故。

从20世纪50年代开始，核武器的发展就对次声学的建立起了很大的推动作用，使人类对次声接收、定位技术、信号处理等方面的研究都有了很大的发展。次声的应用前景十分广阔，大致有以下几个方面：

（1）预测自然灾害性事件，如人们利用一种叫"水母耳"的仪器，监测风暴发出的次声波，从而在风暴到来之前发出警报。

（2）了解人体或其他生物相应器官的活动情况，如人们研制出的"次声波诊疗仪"，用以检查人体器官工作是否正常。

（3）探测某些大规模气象过程的性质和规律，如沙尘暴、龙卷风及大气中电磁波的扰动等。

（4）在军事上，利用次声的强穿透性制造出了能穿透坦克、装甲车的武器。

延伸阅读

次声波的传播速度和可闻声波相同，由于次声波频率很低，大气对其吸收甚小，当次声波传播几千千米时，其吸收还不到万分之几，所以它传播的距离较远，比一般的声波、光波和无线电波都要传得远，能传到几千米至十几万千米以外。频率低于 1 赫兹的次声波，可以传到几千甚至上万千米以外的地方。1961 年，苏联在北极圈内进行了一次核爆炸，产生的次声波在环绕地球 5 圈之后才消失。地震和海上风暴都是自然界中巨大的次声波源。剧烈的地震发生的次声波，会通过空气和地壳表面传播到地球上的任何一个角落。动物实验发现，狗在 172 分贝的高强度次声波作用下，会出现呼吸困难的现象；若次声波强度增加到 192 分贝以上，而频率在 6～9 赫兹，狗会立即死亡。

某个夏日的清晨，小明和王鹏一起走在郊外的路上，路过一片草丛时，小明问王鹏："你听到蟋蟀的声音了吗？"王鹏摇摇头："我什么也没听到，我觉得这里安静极了。"这让小明很是诧异，因为除了蟋蟀声，他还听到其他昆虫的声音，各种声音交杂在一起，让他觉得周遭的声音很尖锐。

上面的故事中，王鹏之所以没有听到声音，是因为昆虫发出的声音超出了他的听觉范围。其实，在我们附近发生的振动，有很多是我们的耳朵听不到的。任何正常可听声波的频率，大约在

15 赫兹至 20000 赫兹的任一频率。不过，20 赫兹的声音已经不易听觉了。人耳能听见的最高音是 15.8 千赫兹，再高的话我们就听不见了。15000 赫兹以上的声音，人耳一般也是听不见的。但每个人能够听到的音调的最高界限也是各不相同的，如老年人的这种最高界限可以低到每秒钟 6000 次。于是，就会发生这样的奇怪现象：有些人听觉器官没有任何问题，可就是听不见类似蟋蟀的鸣声或蝙蝠的吱吱声那样尖锐的声音。这是因为大多数昆虫发出的声音，振动次数是每秒钟 20000 次，也就是声频达到 20000 赫兹。因此这些音调是有些人听得见，有些人听不见。对于那些听不见尖锐高音的人来说，就算他们身处非常杂乱刺耳的地方，也会感到十分安静。

实验证明，狗能够察觉 38000 赫兹的音调，这已经
是"超声"振动的领域了。水母能听到人耳听不到的 8 ~ 13

赫兹的音调，这属于次声波。这种超强功能使狗变得十
分敏锐，让水母能够提前十几个小时预测到海上风暴。

在振动的致病作用中，频率起着重要作用。大振幅低频率的振动，主
要作用于前庭器官，并使内脏发生位移；小振幅、高频率的振动，主要作
用于中枢神经及各种组织内神经末梢。频率概念不仅在声学中应用，在电
磁学和无线电技术中也常用。中国使用的电是一种正弦交流电，其频率是
50 赫兹，它一秒钟内做了 50 次周期性变化。应用甚广的扩音系统就是根
据声频设计出来的。它包括音源、调音台、声律扩大器、扬声器四个部分，
是一个将说话者的声音实时扩大的系统。声频技术还运用在了广播领域，
通过调节频率，人的声音才得以通过长距离传到人耳中。

延伸阅读

物体完成一次全振动经过的时间为一个周期 T，其单位为秒。一
秒钟内振动质点完成的全振动的次数，常用符号 f 表示，频率的单
位为次／秒，又称赫兹（Hz）。频率也是表示质点振动快慢的物理量，
频率越大，振动越快。每个物体都有由它本身性质决定的与振幅无
关的频率，叫作固有频率。一种声音尽管只有一个恒定的频率，但
是对听者来说，它有时却是变化的。当波源和听者之间发生相对运
动时，听者所感到频率改变的这种现象称为多普勒现象。

20 黑暗中群飞的蝙蝠
为何不会相撞

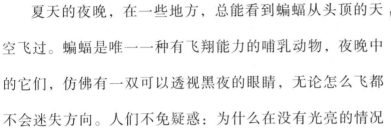

夏天的夜晚，在一些地方，总能看到蝙蝠从头顶的天空飞过。蝙蝠是唯一一种有飞翔能力的哺乳动物，夜晚中的它们，仿佛有一双可以透视黑夜的眼睛，无论怎么飞都不会迷失方向。人们不免疑惑：为什么在没有光亮的情况下，蝙蝠依然能够自由飞翔呢？原因其实很简单，蝙蝠能发出 2 万 ~ 10 万赫兹的超声波，这好比是一座活动的"雷达站"，让蝙蝠很快判断出飞行的前方有无障碍物。

人类的耳朵只能听到频率在 20 ~ 20000 赫兹的声振动，这个频率的声振动被称为可闻声波。频率低于 20 赫兹的叫作亚声波或次声波。而频率高于 20000 赫兹的就叫作超声波。超声波在本质上虽然同声波一样，但由于它的频率高、波长短，因此具有以下几个特性：

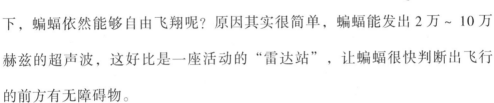

（1）方向性好，可定向发射。发射 10 兆赫兹的超声波，在水中的波长只有 0.015 毫米，发散角很小，近似直线传播。利用这种特性，可以进行超声波定位探测物体。第二次世界大战期间英国海军就利用超声波定位击沉了德国的许多潜艇。

（2）输出功率大，现代超声波技术已能产生几百至几千瓦的功率，在极高声强时振幅值可以很大，使超声波对物质产生一系列特殊作用。

（3）穿透本领强，超声波在空气中很容易衰减，但它在液体和固体中穿透本领却很强，如超声波能穿透几十米厚的金属。

去医院检查身体的时候，医生总是会借助于一种叫B超的仪器进行检查。B超检查，全称是B型超声波检查，它就是借助超声波来检查的。超声波的回波经过电子设备的处理会在荧光显示屏上映出清晰的图像，把人体内脏的大小、位置、彼此之间的关系、内脏本身工作的状况反映得清清楚楚。将患者腹腔内脏器官的肝、胆、肾、脾等与正常器官的超声波回波图谱进行比对，可以及时发现器官的病变。例如，它可以看到肝脏，把病灶形状全盘显示，帮助医生发现原发性肝癌；还可以检查胰、胆囊与胆管系统、盆腔、子宫和胎儿、肾、卵巢等。B超还是检查子宫中胎儿的最理想的方法。用B型超声波检查仪可以看到胎儿的雏形、胎心、胎头、胎盘，以及胎儿在母腹中是安睡着的还是活动着的。特别是通过B超还可以及早发现怀孕中的异常现象。

由于超声波的特殊性质，近几十年来，它已被用于军事、工业、化学、医学等多个领域。例如，利用超声波的方向性好、功率大、穿透本领强的特性，进行海洋深水定位。在临床医学中，医者会利用超声波来碎胆结石、肾结石，做 B 超以及超声波治癌。在工业生产中，超声波清洗、超声波焊接、超声波加工被广泛应用。利用超声波还可以对植物种子进行处理，如我国利用超声波处理云南白药、桔梗及丹参等中草药种子后，取得了稳定的增产效果。

延伸阅读

在振幅相同的条件下，一个物体振动的能量与振动频率成正比，超声波在介质中传播时，因为介质质点振动的频率很高，所以它的能量很大。在一个非常干燥的房间里，如果把超声波输进水罐中，剧烈的振动会使罐中的水分解成许多小雾滴，此时，用小风扇把雾滴吹入房间，就可以增加房间空气湿度，这就是超声波加湿器的原理。

21

利用超声波的回声

测量海的深度

1912 年，举世闻名的"泰坦尼克号"由于跟冰山相撞而沉没到了海底，使很多乘客葬身于大海。为了保证航行的安全，不再重蹈泰坦尼克号的覆辙，人们想在浓雾里或者夜里行船的时候，利用回声来检测前进路上有没有冰山。这个方法实际上并没有成功，不过失之桑榆、收之东隅，人们由此生发出另外一个想法，就是利用超声波从海底的反射来测量海洋的深度。最后，这个想法被证实是可行的。

利用超声波测量海的深度需要一种叫作回声测深仪的装置。回声测深仪会利用一组发射换能器在水下发射声波，使声波沿海水介质传播，当声波到达海底时就会被反射回来，反射回来的声波被接收换能器接收，然后再由声呐员或计算机计算出发出声波和回声到达相隔的时间。既然知道声音在水里的速度，再加上已知较为精确的回声传送时间，想要计算出海洋的深度就变得很简单了。在常温下，海水中声速的典型值为 1500 米 / 秒，如果测得声脉冲在水中往返的时间为 3 秒，则海水的深度为 2250 米。在现代的回声测深器里，向海底发出的声波是非常强的"超声波"，人耳听不到，它是由放在很快交变的电场里的石英片振动产生的。

回声测深仪类型很多，可分为记录式和数字式两类，通常由振荡器、发射换能器、接收换能器、放大器、显示和记录等部分所组成。回声测深仪不仅可以在船只航行中快速准确地连续测量水深，还可以用于航道勘测、水底地形调查、海道测量和船只导航定位等。由于回声测深器的帮助，使船只能够大胆而且快速地向岸靠近。通过回声测深仪，人们不再想当然地以为世界大洋的底部是一片平坦的大地，而是对大洋地形地貌有了全面的了解和认识，知道洋底和陆地一样，拥有广袤草原、巍峨高原、辽阔平原以及崇山峻岭、深沟峡谷。

延伸阅读

声波在海水中的传播速度，随海水的温度、盐度和水中压强而变化。在海洋环境中，这些物理量越大，声速也越大。常温时海水中的声速的典型值为1500米/秒，淡水中的声速为1450米/秒。所以在使用回声测深仪之前，应对仪器进行设定，计算值要加以校正。

22

回声的负作用有多大

站在高高的山上说话总会听到回声阵阵，这让我们有种如临仙境的感觉。不过，有回声并不都是好事，就比如在电影院看电影，如果出现回声，回声和原声重叠在一起，会让观众的听觉产生混乱感。当不喜欢回声出现时，就要想办法阻止。

置身于空旷无人的大厅，你会很清楚地听到自己的回声，因为声音会被四面的墙壁反射回来。但是，在一个坐满人的大厅里是听不到回声的，这是因为在大厅里坐着的人，一般都穿着柔软的衣服，这些衣服是非常好的吸声材料。除衣服外，人们柔软的皮肤也会吸收一部分声波。大会议厅、音乐厅、电影院等建筑里，人们在四周墙壁上和天花板上铺上多孔的吸声材料，墙壁的某些部分还故意做得比较粗糙，加上柔软的帷幔和幕布等，这样就能更好地吸收声音了。

虽然回声会对我们的生活造成某些影响，但在其他方面，如工业中，回声就起着重要作用。回声也被很好地运用在了地质勘探中。在石油勘探时，常采用人工地震的方法，在地面上埋好炸药包，放上一列探头，然后把炸药引爆，探头就可以接收到地下不同层面反射回来的声波，从而探测出地下有无油矿以及油矿的具体方位。

延伸阅读

回声是由声波的反射引起的声音的重复，也可指反射回来的超声波信号。我们知道墙壁等固体形态的东西可以反射声音，从而产生回声，但从没听说过云也可以反射声音。不过，英国物理学家约翰·丁达尔有一次在海边做声音信号试验，竟然发现，声音从透明的空气中反射了回来，反射而来的回声好像是从云朵里飘来的一样。于是，他认为有些云朵能够截住一部分声音，将声音反射回去。他把可以反射声音的云称为声云。

Part 3

热学的奥妙

煮沸的水不仅可以饮用，还可以帮助人们烹饪各种美食。然而在青藏高原工作过的人都有过这样的经验：饭锅里的水已经沸腾好久了，水蒸气直冒，但是，锅里的饭却没法煮熟，只能吃夹生饭。这到底是怎么一回

事呢？原来，水的沸点与加在水面上的气压有关。气压大，沸点高；气压小，沸点低。

平时我们所说的水在100℃时开，指的是在1个标准大气压时，水的沸点是100℃。但是，到了高山或高原，随着海拔升高，空气变得稀薄，大气压强逐渐减小，水中溶解的空气很容易就冲破水面进入空气中，因此，水的沸点相应也就降低了。水会在不到100℃时就开始沸腾。根据测量，高度每上升1000米，水的沸点大约要下降3℃。由于水已沸腾，温度就不可能继续升高。在海拔5000米的高处，水温不会超过85℃，在11000米的高处，水的沸点应当是66℃。这样的温度自然是煮不熟饭的。而且海拔10000以上的高原，空气很稀薄，稀薄到让人连呼吸都觉得困难。不戴氧气面具飞到这种高度的飞

行员，会因为空气不够而失去知觉。与之相反的是，在气压比地面高

得多的深层矿井的底部，可以得到十分热的沸水。在深达300米的

矿井里，水要到101℃才沸腾，在深达600米的深处是102℃。

根据水的沸点与压强的关系，人们发明了高压锅，这种锅采用密闭方

式，使水蒸气无法从锅里跑出来，使锅内气压增大，从

而提高了水的沸点，这样，就可以很快将饭煮熟了。基

于沸腾的液体温度不变的事实，沸腾焙烧炉被生产了出

来，它是固体流态化技术的实际应用。

延伸阅读

　　沸腾是指液体受热超过其饱和温度时，在液体内部和表面同时
发生剧烈汽化的现象。液体在沸腾时，温度保持不变，仍然吸热。
沸点是指液体开始沸腾起来的温度，不同液体的沸点不同。即使同
一液体，它的沸点也要随外界的大气压强的改变而改变。大气压强
越高，液体沸点越高，气压变小时，沸点就越低。蒸汽机锅炉里的
水是在极高的压力下沸腾的，所以它的沸点极高，在14个大气压下，
水的沸点是200℃。

纸锅能煮熟鸡蛋吗

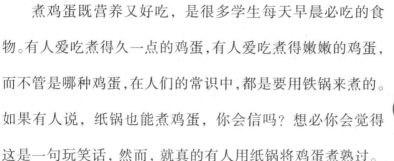

　　煮鸡蛋既营养又好吃，是很多学生每天早晨必吃的食物。有人爱吃煮得久一点的鸡蛋，有人爱吃煮得嫩嫩的鸡蛋，而不管是哪种鸡蛋，在人们的常识中，都是要用铁锅来煮的。如果有人说，纸锅也能煮鸡蛋，你会信吗？想必你会觉得这是一句玩笑话，然而，就真的有人用纸锅将鸡蛋煮熟过。

　　任何事，在没有亲自动手实验一番的情况下，不要轻易说不可能。就像纸锅里煮鸡蛋，如果你拿张厚纸片、拿支蜡烛实验一下，你就会看到很奇妙的事情发生，继而相信某些状态下的纸锅真的是烧不坏的。而使纸锅烧不坏的原因就是，水在开口不密封的容器里面，只能煮到沸腾的温度，大约100℃，100℃沸水的热容量也是很大的，它能够吸收多余纸的热量，不会让纸热到比100℃高多少，而纸的燃点是183℃，所以尽管火在纸下不停地烧，纸仍然不会燃烧起来。还有一个好玩的与之相对应的例子是，铁做的空壶放在炉子上竟然被烧坏了。之所以会把铁壶烧坏，是因为壶里没有可以吸收热量的水，而水壶的底部是焊锡做成的，比较容易熔化。

因为燃点会随着大气压的变化而变化，气压越低，燃点越高，所以一些机器会利用这点来完成某项功能，如柴油机。柴油机会通过将空气压缩、降低柴油燃点的方法，来达到燃烧的目的。此外，人们还根据物质有固定燃点制作了冷却灭火器。冷却灭火法属于物理灭火方法，是灭火的一种主要方法，常用水和二氧化碳做灭火剂，通过冷却降温灭火。灭火剂在灭火过程中不参与燃烧过程中的化学反应。

延伸阅读

物质的燃点也称着火点，是指将物质在空气中加热时，开始并继续燃烧的最低温度。燃点会随物质的形状不同而有一定差异。各物质中，需要贮存的易燃液体有甲醇、乙醇、石油醚、乙醚、丙酮、苯、甲苯、二甲苯、二硫化碳、松节油、乙酸乙酯等。易燃固体有金属钠、钾、钙、赛璐珞、硝化棉、白磷、铝粉、镁粉、松香等。其中白磷的燃点为40℃，黄磷的燃点为60℃。

不知道你听没听过这样一种说法：有时，跟森林或草原上的火灾作斗争的最好方法，就是以火灭火。在大火就要燃烧过来时，在它的对面点燃一团新的火焰，新的火焰一边燃烧着周边的燃料一边咆哮着向大火奔去，最终两者混合在一起。此时，两团火焰的前后四周都已经没有什么可以燃烧的燃料了，就算有，也会在短时间内被消灭掉。当所有的燃料都消失后，两团火也将全部熄灭。

美洲草原里发生大火的时候，人们就曾经用过这种方法来扑灭大火。这个故事的经过大体是这样的：秋天当南美洲的大草原变成一片金黄色的海洋时，一群旅客兴高采烈地到这里来游玩。只不过，在欢声笑语响彻草原时，一团大火却挥舞着可怕的爪子快速地向他们逼近。年轻的旅客们看着顺风而来的熊熊火焰，绝望地等待着死亡，而其中一位老人却没有放弃，他吩咐人们动手拔地上的干草，腾出一片空地，并将草堆到空地的北边。慌了的人们毫不犹豫地拔了起来，然后又按着老人说的退到了空地的南边。当火马上就要烧到眼前时，老人点燃了一束非常干的草，在人们诧异的眼光中，他将点燃的干草扔在了之前堆好的草堆上，很快，整个草堆燃烧了起来。可风是向着人群吹来的，这样点火很容易烧到他们自己，当人们开始怀疑老人是不是疯了时，燃烧的草堆竟然逆着风向其面前的大火扑去。两团火像两支军队一样，激烈地怒吼着，渐渐地，火势居然小了。过了好一会儿，两股大火终于"精疲力竭"地化作了火星，最后变成了滚滚黄烟。

看到这里，有人会想，那以后着火了，用这个方法就可以灭火啦。这里要注意的是，上面这种与草原或森林大火作斗争的方法，并不像我们想象的那么简单，只有极有经验的人才能利用迎火燃烧的方法来扑灭火，否则只会引起更大的灾祸。那位老人能够成功的秘诀就是，他虽然知道风是向他们这边吹来的，但也明白，烈火上面的空气会因受热变轻而向上升，这时各方面的冷空气就会去补充，因此，两团火相距很近的地方，一定会有迎着火焰流动的气流。所以当远处的火到达跟前时，老人果断点燃了新的草堆，这堆新点燃的火在之前那团大火的气流的影响下，会朝着风的相反方向蔓延开去，此时，两股火后面的草都已经烧没了，它们就只有彼此燃烧了。

燃烧三要素缺一不可，以火灭火的方法就是借助燃烧三要素，只要消灭其中一个要素，火就烧不起来。基于此，人们在生产中找到了很多快速、有效灭火的方法。比如，石油油井的熊熊大火根本无法用水浇灭，此时，将炸药用机械放入着火点的中心并将其引爆，强烈的冲击波就会将着火点周围的空气全部挤开，最终使大火熄灭。人们发明了隔离灭火器和窒息灭火器，分别用中断可燃物质的供给和灭氧的方法来达到灭火的目的。如果火小的话，人们还要在火上洒水，使燃烧物无法达到燃点。

延伸阅读

　　燃烧的三要素：可燃物、氧气、燃点。以火灭火就是清除可燃物。在大火烧过来时，先把周围的可燃物点着，等之前的大火蔓延到周边时，就没有可燃烧的东西了。说白了，它的原理就是"预先隔离"，在火场周边预先将可燃物点燃，防止中心火焰向外扩散。当然实践和理论之间还是有很大差别的，在真实情况发生时，还要考虑周围环境、风向、点火时间等因素。

　　有这样一个有趣的实验：把一小块冰丢到装满水的试管里去，为了不让重量较轻的冰浮起来，要往试管里投一颗弹珠或是其他硬物进去，总之要把冰压在试管底部，但是不要使冰跟水完全隔离。接下来，把试管放到酒精灯上，使火焰只烧到试管的上部。不久后你会看到，水沸腾了，并冒出一股股蒸气。但很奇怪，试管底部的那块冰却始终没有融化。那冰块到底是怎么保护自己的呢？

其实，试管底部的水根本没有沸腾，它仍旧是冷冰冰的，沸腾的只是试管上部的水。看起来，冰块好像是在沸水里挣扎，但实际上，它远远离开了沸腾的那块水域，安全地潜伏在了沸水的底部。会产生这种情况是因为水在受了热膨胀后，变得比较轻，因此不会沉到管底，仍旧留在试管的上部，水流的循环也只在试管的上部进行，一点都没有影响到下部的温度。想要下部的水温度升高，需要水的导热。但水属于不良的热导体，其导热性能并不好，所以，试管下部会一直处于安全状态。不过，如果在试管中加入一根金属条，情况就不一样了，因为金属的导热能力非常强，只要将它放入试管中，就会很快将上部的温度传到下部。

曾有这样一篇报道：南极科学考察队在南极用导热很差的塑料建造了屋子，却不慎在加固房屋时使用了一根用钢铁做的螺丝。屋子建好后，科考队员回屋休息，睡到一半，突然被屋子里的低温冻到无法忍受。究其原因，才发现是那一根螺丝闹的。因为螺丝是钢丝做成的，属于热的良导体，热的良导体会将热量从温度高的地方传到温度低的地方。而当时的南极，屋子内外的温度相差很大，所以它将屋里的热量"拼命"地向外面传输出去，最终让屋子变得跟冰窖差不多。这个故事和上面的冰块实验同属一类，都跟导体的导热性有关。

不同材质的窗框的传热系数值不同，而窗框占窗户面积的比例不同，窗框传热系数值也不同。所以房屋开发商在建造以及装修房子时，一般都会考虑到房屋的保温以及凉爽性，会在窗户的大小以及材质上下功夫。

延伸阅读

测量导热系数可以用稳态法。其实验过程是：利用火等热源对样品加热，此时，样品内部的温差会使热量从高温向低温处传导，样品内部各点的温度会随加热和传热的快慢而变动。适当控制实验条件和实验参数使加热和传热的过程达到平衡状态，会看到样品内部形成稳定的温度分布，根据这一温度分布就可以计算出导热系数。

夏天易热冬天易冷
的物体

冬天时，人们很不愿意用手接触
用铁制成的东西，因为它们大多是冰
凉刺骨的。到了夏天，人们同样不乐
意接触铁制品，原因是它们总是烫的，
户外暴晒中的铁还有将皮肤烫伤的可
能。相比起铁，木头就显得温和多了。

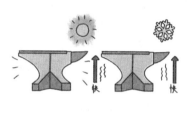

冬天时触碰它，会有凉意但不会觉得刺骨；夏天时触碰它，会感觉
它的温度和我们身上衣服的温度接近。

用温度计测量铁制品和木制品的温度，会惊奇地发现，两者的温度完
全相同。这种现象如何解释呢？这是因为铁传热比木头要快得多，物体
传热能力高低与这种物质的导热系数有关，导热系数高的物质传热快，
导热系数低的物质传热慢。铁比木头的导热系数高，也就是说，铁传热
的速度要比木头传热的速度快得多。冬天，我们摸铁制物品时，由于铁
的传热能力强，热量很快就从我们的手中传到铁制物品上了；而摸木制

物品时，由于木头的传热能力差，热量会很缓慢地从我们手上传到木头上。所以，我们会感觉铁比木头冷得多。也正是由于导热能力的不同，在夏天情况刚好与冬天相反。夏天，周围温度普遍比人体温度高，因为铁传热快，铁制物品的温度很快会传到我们手上，而木头会慢很多，所以我们会感觉铁比木头热很多。

导热系数高，传热就快，根据这个规律，我们在挑选炒菜用的锅时，可以选择导热系数高的。家庭常用的锅中，铝锅是传热最快的。现代建筑工程中，在选择筑墙的材料时，也会考虑导热系数的因素，导热系数小的，才更有利于保温。

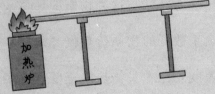

延伸阅读

导热系数又称传热系数，是指在稳定传热条件下，1米厚且两侧表面的温差为1℃的材料，在1秒内通过1平方米面积传递的热量。导热系数与材料的组成结构、密度、温度、含水率等因素有关。非晶体结构、密度较低的材料，或含水率小、温度较低的材料，导热系数都比较小。

28 人能忍受
多少度的高温

在我国，不管是北方还是南方，每当酷夏到来时，人们总是会抱怨一番炎热的天气。经常在户外工作的人，更是害怕夏天的到来。下午两点左右，在太阳下活动一个小时，肯定会让人满头大汗，搞不好还会中暑。不过，尽管人人喊热，一个又一个的夏天过去，人们除偶然感冒、发烧一下，大多数时间还是健健康康的。由此看来，人们对高温还是有一定忍耐度的。

曾有物理学家为了实验，把自己闷在面包房烧热的炉子里持续了几小时。由此可见，人类耐热的能力，远比想象中的要强得多。生活在热带的人，能忍受住的温度更是超出了一般人的想象。澳洲中部夏天的温度在阴影的地方常常高到 46℃，最高甚至到过 55℃。曾有人用实验方法测出了人体能够忍受的最高温度，结果显示，人能忍受的温度的上限为 160℃。这真是令人吃惊，人怎么可能具有如此高的耐热性呢？原来，这里所说的 160℃的温度上限是有前提条件的，那就是必须在干燥的环境里，且不能直接接触热源。在100℃以上的干燥环境中，人体会始终保持着接近正常体温的温度，会用大量出汗的方法来抵抗高温，当汗水蒸发时，能从皮肤吸取大量的热，使人体的温度大大减低。许多人都有这样的体验：比起只有20℃以上的黄梅天，人们更容易忍受30℃以上的酷热天气，原因就在于黄梅天湿度高，而盛夏的湿度比较低。

近些年来，高温瑜伽悄然流行。高温瑜伽也叫热瑜伽，是指要在38～40℃的密封房间内做26种瑜伽伸展动作。之所以需要高温且密封的环境，是因为在这种环境下，人体各项机能会处于兴奋状态，血液循环加快，各关节结合部润滑液体分泌增加，做动作时会迅速进入状态，并减少受伤的概率，消除身体的紧张感。高温瑜伽属于柔韧性运动，能改善脊椎柔软度，直接刺激神经和肌肉系统，并且坚持做会帮人减轻体重。

延伸阅读

天气预报所报的温度都是从阴影里测量出来的。之所以会选择在阴影里测量，是因为只有放在阴影里的温度计测出来的才是空气的温度。如果把温度计放在阳光下，太阳就会把它晒得比周围空气热得多，那么温度计上所指的度数就不再是周围空气的真实温度了。所以，将温度计放在阳光里来测量，是不能说明温度的真实情况的。

29 暖水瓶能保温的
秘密是什么

在学校里住宿的学生，每个人都会有一个暖水瓶，在打热水时，大多数人会把水打得满满的，以为这样更有利于保持瓶内的水温。而事实上，这个做法是不对的。实验证明，往往水打得越满，越容易凉掉。如果你不相信，在下次打开水时，可以留心一下，看看在什么情况下，暖水瓶更容易保温。

暖水瓶的确具有保温功效，但这个功效也只能维持几天时间，时间一长，暖水瓶里的水也会变凉。水会变凉的原因其实很简单，它主要是跟瓶塞有关。瓶塞可以说是保护水温的一个工具，但它通常是木头做的，

是不能完全阻断瓶中水和外界热量的传递的。热量传递有三种形式，分别是：热传导、热对流和热辐射。想要使水保温必须尽量减少这三种传热方式，但很显然，不管是双层真空镀银玻璃还是软木塞，都不能完全阻止这三种传热方式。那么，为什么说灌满水的暖水瓶反而更不容易保温呢？这就取决于空气、水、木

塞三者的导热能力了。不同物质的导热能力与其导热系数相关，这三者

中，空气的导热能力最小，软木塞次之，水的导热系数最大。在将水灌满的情况下，导热能力很强的水会将热量通过软木塞较快地传导到瓶外的空气中去，最终使瓶中的水温接近室温。所以，想要使暖水瓶的保温效果更好，热水就不要灌得太满，应该让热水和瓶塞之间保持适当的空间，这样就能利用空气导热能力小的特点，隔开瓶塞与热水的直接接触，减少热能的过多损失。

人们根据热导体的性质，发现并生产出了很多热的良导体，如暖气片，作用是供暖散热；冰箱散热铁片，作用是帮助冰箱散热；铝散热器，作用是帮助集成电路散热。除了热的良导体，自然还有不良导体，主要包括棉花，可以用来防寒；石棉，可以用来作为炼钢工人的防高温工作衣；软木，可以用来保持暖水瓶中水的温度。

延伸阅读

热量传递的三种形式为：热传导、热对流、热辐射。热传导又称导热，是指同温度的两物体因直接接触而发生的传热。导热会将热能从高温区传到低温区。热对流，是指热量通过流动介质，由空间的一处传播到另一处的现象。热辐射，是指物体由于具有温度而辐射电磁波的现象。

　　每个人都有记忆能力，我们可以通过记忆感受曾经的美好和伤感，通过记忆让自己变得一天比一天更完美。记忆能力对于人来说是必须具备的东西，这没有什么好解释的。然而，如果有人对你说，某些金属也具有记忆能力，你会相信吗？

　　20世纪60年代初，美国海军军械实验室的科研人员需要一些镍钛合金丝做实验，当他们发现这些合金丝弯弯曲曲，使用起来很不方便时，就试图将它们一根根拉直。拉直后，他们开始做实验。但是当这些合金被加热到95℃的时候，奇怪的现象发

生了：已经拉直的镍钛合金丝自动卷曲成原本螺旋形线圈的形状。于是，科研人员又将其冷却、拉直。当他们再次对合金加热时，合金又恢复了原本弯曲的形状。经反复实验，结果仍然一样。之后，科研人员又对其他一些合金，如铜锌铝合金、铁铂合金等进行了先拉直后加热的实验，结果显示，这些合金皆变回了原本的样子。由此科学家得出结论：某些合金具有记忆能力。他们把具有记忆能力的合金称为"记忆合金"。记忆合金

之所以会产生记忆，是因为随着温度的变化，它们内部原子的排列也会发生变化。如果温度回到原来的数值，合金内部原子的排列也会变回原来的排列方式，这样，晶体结构也会发生变化。记忆合金的记忆力非常惊人，它们能重复恢复原态几百万次。而且不会因疲劳而断裂。

为了使通信工程更加先进，美国曾经制订了一个月球表面天线计划。不过他们遇到了一个难题，就是不知道怎么把直径很大的抛物面天线装进狭小的航天飞机机舱。后来，他们想到了形状记忆合金技术。科学家在室温下用形状记忆合金制成抛物面状的月球表面天线，然后把它揉成直径 5 厘米以下的小团，这样它就被顺利地放在了狭小的机舱里。当它被发射到月球，在月面上经太阳光的照射加热后，又恢复了原来的抛物面形状。

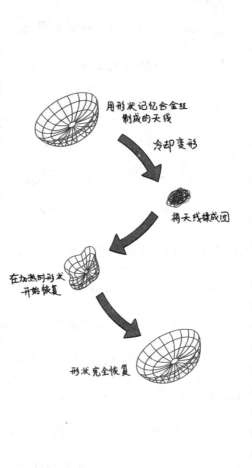

用形状记忆合金丝制成的天线

冷却变形

将天线揉成团

在加热时形状开始恢复

形状完全恢复

记忆合金因具有无磁性、耐磨耐蚀、无毒性的优点被广泛运用于各个领域。比如，医学上的人造骨骼、伤骨固定加压器、脊椎矫正棍、头颅骨修补整形、牙科正畸器、各类腔内支架、栓塞器、心脏修补器、血栓过滤器、介入导丝和手术缝合线、颌骨修补手术等；机械上的固紧销、管接头，电子仪器设备上的火灾报警器、插接件、集成电路的钎焊；生活上的弹簧、彩色电视机、温度控制器以及一些玩具等。作为一类新兴的功能材料，记忆合金的很多新用途正不断被开发，很快，它将成为现代航海、航空、交通运输、轻纺等各条战线上的新型材料。

延伸阅读

　　科学家们现在已经发现了几十种有不同记忆功能的合金，如钛镍合金、金镉合金、铜锌合金等。它们有两个共同特点：一是弯曲量大，塑性高；二是在记忆温度以上恢复以前形状。记忆合金可以分为三种：①单程记忆效应。在较低的温度下变形，加热后可恢复变形前的形状，只在加热过程中存在的形状记忆。②双程记忆效应。加热时恢复高温相形状，冷却时又能恢复低温相形状，称为双程记忆效应。③全程记忆效应。加热时恢复高温相形状，冷却时变为形状相同而取向相反的低温相形状。

31 蜡烛的火焰
总是朝上的

当供电紧张时，某些地方就会出现断电现象。这个时候，蜡烛就派上了用场。蜡烛是一个好玩且神奇的东西，价格低廉，却能够发出足以照亮整个房间的光芒。静静地盯着蜡烛，人们通常会被蜡烛亮亮的火焰吸引。如果往细处观察，会发现蜡烛的火焰总是朝上的。可为什么火焰朝上呢，是什么力量支撑着它竖直向上？

火焰之所以竖直向上而不与地面平行，是由空气的流动造成的。蜡烛被点燃以后，火焰周围的空气会受热膨胀，导致其密度比其他空间气体密度低。密度小的流体因受到的浮力大于重力会向上运动。所以，火焰周围的空气会向上流动。

当空气向上流动，周围的冷空气便会流动过来。当热空气受到冷空气的挤压时，会竖直向上运动。热空气竖直向上运动时，火焰也随之跟着运动，所以火焰是竖直向上的。同样道理，野营时点燃的篝火火焰也是熊熊向上的。不过，这也只是出现在无风的情况下。如果室内或室外的空气受各种因素影响，使空气流动发生了变化，那么火焰就不会竖直向上，而有可能向一边倾斜。就比如我们在蜡烛旁扇扇子，就会造成气流的不稳定，从而让蜡烛火焰的方向发生变动。

空气遇热后会产生上升气流，滑翔伞即根据此原理工作的，它一般利用动力上升气流和热力上升气流两种气流来完成滞空、盘升和长距离越野飞行。上升气流的高度从几百米到几千米不等，速率可以从几米每秒至几十米每秒。天气条件不一样的情况下，即使在同一个场地，飞行所遇到的热力上升气流也不一样。在气象条件比较好的情况下滑翔伞可以利用上升速率为 10 米 / 秒的热力上升气流飞到很高很远的地方。

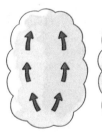
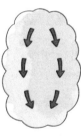

流动的空气称为气流，气流有很多种，热力气流是其中一种。热力气流的生成受天气、温度、湿度、气压、空气温度递减率、地表温差等数据影响。一般来说，空气温度递减率越大、日照越充足、空气越干燥，热力气流的形成就越好。

下雪后在马路上
撒盐的利与弊

在北方，每当冬天来临，很多人会不自觉地期盼下雪天的到来，这样不仅能欣赏到美丽的雪景，还能让干燥的天气变得湿润起来。下雪的好处虽多，但也会给人们的生活带来一些麻烦，如果接连不断地下雪，就会影响人们的出行。下雪后一旦没有及时清扫，马路上就会结冰，当路面变得像溜冰场一样光滑时，就会对人的出行安全造成威胁。

为了避免雪后结冰，每逢雪后，各单位都会纷纷到马路上清扫积雪。随着经济的发展，人口和车辆的增多，雪后除雪也变得艰难起来。为了更有效率地完成任务，人们开始在雪面上撒盐，而且是那种浓度很高的盐水。这一招很有效，撒上盐没多久，雪就融化了，雪水会顺着马路边的排水口排入地下，让马路很快就变得干干净净。有些人会好奇，为什么浓盐水能使雪水很快地融化呢？这跟物质的凝固点有关。不同的物质有不同的凝固点，而水在标准大气压下的凝固点是 0℃。如果在水中掺入某些可溶性物质，如白糖、食盐等，水的凝固点就会明显降低。比如，在水中加入食盐后变成的食盐溶液要在 −20℃才会结冰。这样低的凝固点，就算温度降到零下十几摄氏度，也不用担心雪会结冰。

不过，虽然在雪面上洒盐水能很快将雪融化，但大量的盐水排入地下，对路面、路基和环境会造成严重破坏。破坏主要体现在三点：首先，会使地表水受到严重污染，将直接影响饮用水的质量。其次，会使土壤中盐的浓度大大增加，对生长的树木、草地、花卉十分不利。最后，大量的盐水会顺着沥青路面裂缝渗入路基，对路面的破坏非常严重，致使大片路面龟裂、软化、断裂。其实相比撒盐除雪法，利用人力或机械扫雪，并将雪堆积在树下和花丛下会更好些，还能保护环境。

物质的凝固点在外在条件的影响下会发生改变，运用这一物理原理，科学家们对于防止飞机结冰做出了很多尝试。德国科研人员研制出了一种鱼蛋白涂料，涂在飞机机翼表面，可有效地防止飞机在高空飞行中结冰。实验证明，这种涂料还能被用于预防电缆因为结冰、重量增加导致下坠以及预防冷藏工人身上结冰。

延伸阅读

凝固点是晶体由液态转变为固态的温度。例如，水的凝固点为0℃，液氮的凝固点为－196℃。非晶体没有一个确定的凝固点。晶体是内部质点在三维空间呈周期性重复排列的固体晶体，长程有序，并呈周期性重复排列。非晶体是内部质点在三维空间不成周期性重复排列的固体，近程有序，如玻璃。

埃菲尔铁塔是浪漫的象征，很多人都幻想亲临埃菲尔铁塔。假如现在问你埃菲尔铁塔到底有多高，那么，你在回答"300米"之前一定要加一句："那要看在什么季节，是冷天还是热天？"不要怀疑，埃菲尔铁塔的高度是会变动的。毕竟它是铁质的，在热胀冷缩的影响下，其高度也会发生变化。

测试显示，300米长的铁杆，温度每增加1℃，就要伸长3毫米。埃菲尔铁塔也一样，每当它的温度增加1℃，它也伸长大约3毫米。虽然巴黎的严寒天气并不多，但夏冬两季的温差还是很大的。在夏天炎热的天气里，铁塔会被晒热到40℃；在冬天寒冷的天气里，铁塔的温度会跌到0℃甚至 -10℃。假如埃菲尔铁塔一年四季所受到的温度变化在50℃左右，那么它的高度就可以伸缩 $3 \times 50 = 150$ 毫米，即15厘米。这不是信口开河，埃菲尔铁塔的高度，是用一种几乎不受温度变化影响、始终保持原有长度的镍钢丝来度量的。测量结果显示，埃菲尔铁塔的顶端在热天要比冷天高出十多厘米来，高出的一段仍然是用铁做成的。

其实，热胀冷缩存在于我们生活的方方面面。对于每天骑自行上学的学生来说，车胎爆胎就是热胀冷缩带给他们的烦恼。爆胎的情况时有发生，尤其是在夏天，一不小心把气打得太足，车胎就会爆掉。如果不把车胎打足气，又很容易损坏内胎，真是两难的事情。

根据热胀冷缩的原理，当你捞出刚煮熟的鸡蛋时，最好先放在冷水中浸一浸，当放入冷水中后，蛋白就不会紧挨着蛋壳，这样，鸡蛋就很容易剥开了。当你无法将罐头或是玻璃杯上的金属瓶盖拧开时，也可以将其先在热水里泡一泡，这样盖子就会很容易打开。当乒乓球瘪了后，将它放入热水里，一会儿它就会重新鼓起来。在工业生产中，热胀冷缩现象有着广泛的应用，如在机械装配过程中，各部件之间需要静配合，然而很多情况下，孔的尺寸小于轴的尺寸，此时想要它们牢固地结合在一起，用热胀冷缩的方法最为合适。具体来说，就是将需要实现静配合装配的两个工件中的其中的一个放在液氮中冷却，使其直径缩小，然后将它放入另一个工件的孔内，等冷却的工件温度回升后，就能和另一个工件牢固地结合在一起。这种先将工件放在液氮中冷却再进行装配的技术，称为液氮冷装配技术。

延伸阅读

热胀冷缩是物体的一种基本性质，物体在一般状态下，受热以后会膨胀，在受冷的状态下会缩小。物体内的粒子（原子）运动会随温度改变，当温度上升时，粒子的振动幅度加大，从而使物体膨胀；但当温度下降时，粒子的振动幅度会减少，使物体收缩。不过，热胀冷缩也有例外。就如水在4℃以上会热胀冷缩而在4℃以下会冷胀热缩。锑、铋、镓和青铜等物质在某些温度范围内受热时会收缩，遇冷时会膨胀。

当我们出远门时，很多时候会选择火车这个交通工具。坐在火车上，如果留心倾听，会发现每隔一段时间，火车就会发生"咯噔"一声响，整个旅程中，"咯噔"声响个不停。每声"咯噔"声响起的时候，我们还会感觉到车体有一些轻微的颠簸，而这跟火车道上的钢轨有关。靠近钢轨就会发现，两截钢轨之间留有一点空隙。留有空隙不是因为设计缺陷，而是为钢轨的热胀冷缩准备的空间。

一般来说，各种物体在外界温度发生变化时都会出现热胀冷缩的现象。当温度升高时，体积随之增大；当温度降低时，体积随之缩小。

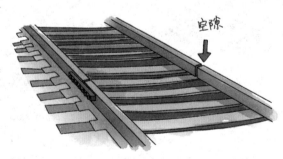

不过也有例外，如水结冰后，体积反而会增大。另外，因压力等条件的变化，物体体积变化的情况也会有所不同。在温度恒定不变的情况下，钢轨的长度也是不会变的，但当温度发生变化时，它的长、宽、高都会随之变化。

如果在安装钢轨时，中间不留一点空隙，是会减少列车通过时的"咯噔"声，但是，当夏天天气炎热时，由于钢轨长度会增大，没有预留缝隙的钢轨会向上隆起，而这对行车安全是十分不利的。为避免这种现象的发生，必须在钢轨之间预留缝隙。

那么，钢轨间的缝隙该留多少呢？实验测定：钢轨温度每变化1℃，每一米钢轨就会伸缩0.000011米。在中国，南方和北方的铁路线上，冬夏之间的气温通常可相差80℃左右，而每一段钢轨的长度为12.5米。这样算下来，钢轨缝隙应为11毫米，为了行车安全，不宜小于11毫米。当然，为了提高行车速度，保证行车安全，也为了消除"咯噔"声和颠簸，如果钢轨之间没有缝隙当然更好了。在炼钢时，设法改变钢材的性质，减小钢材的热膨胀系数，就可以大大消除钢轨的热胀冷缩的程度，这样钢轨的长度就可以造得比较长，减少预留的缝隙。现在高速铁路的钢轨每一段较长，铁路上预留的缝隙也少，在这样的铁路上旅行，旅客会感到更加舒适。热胀冷缩还有很多作用。比如，岩石在热胀冷缩中的风化，一方面会因受热不均使自身产生裂缝，另一方面在冬季结冰地区，缝隙中的水分因结冰会进一步破坏岩石，促进风化，最终形成土壤。

除了铁路钢轨之间预留空隙，在其他很多方面，人们也会有对热胀冷缩的考虑。比如，在大桥桥面上就留有为防止热胀冷缩造成破坏的缝隙。每隔几个铁架就会有一圈多余的高压线，以防冷缩。人们还生产出了U形煤气罐，以防热胀冷缩。

热胀冷缩是物体的一种基本性质，物体在一般状态下，受热以后会膨胀，在受冷的状态下会缩小。绝大多数物体都具有这种性质，冬天水管破裂，是因为冷缩引起的；夏天柏油路的路面向上拱起，是因为热胀引起的；高压电线夏天下垂多，冬天绷得较紧，都是由热胀冷缩引起的。买来的罐头很难打开，是因为食物在放进去时是热的，导致气体膨胀。生活中也要处处小心热胀冷缩对我们以及其他物质的影响。当一般的玻璃器皿被加热后，不要马上冲凉水，因为这样会让玻璃因收缩不均匀而破裂。此外，热胀冷缩会让测量仪器的准确性变差，所以，人们正在努力寻求热膨胀系数小的材料来制作量具。

35

冰为什么会冒烟

夏天时，人们大多爱喝冰镇饮料。那些加了冰的可乐、果汁，不仅能快速解渴，还给人香甜可口的味觉享受。不过，不知道大家有没有注意，那些加在饮料里的冰竟然会冒烟。向来都是热的东西冒烟，为什么温度极低的冰块也会冒烟呢？

想必多数人已经知道，放在饮料里的冰不是普通的冰，而是干冰。干冰之所以会轻易融化，是因为它的熔点为 $-78.5℃$。干冰的原态并不是水，而是固态的二氧化碳。在常温和压强为6079.8千帕压力下，二氧化碳会冷凝成无色的液体，再在低压下迅速蒸发，凝结成一块块压紧的冰雪状固体物质，这就是干冰。

平时看到干冰会冒烟，其实那也不是烟，是雾。当二氧化碳由固体变成气体时，会吸收大量的热，这使得周围空气的温度快速下降。当空气温度降低时，水蒸气就会凝结成水，所以周围的水蒸气就变成了小液滴，这就是雾。

干冰有很多用途，其中一种就是可以利用它来人工降雨。将干冰放在空气中，能迅速吸收大量的热，使周围的温度快速降低，使水蒸气液化成小水滴，从而达到降雨的目的。干冰还具有非常厉害的清洗作用。它可以清洗轮胎模具、橡胶模具、合金压铸模、铸造用热芯盒、油污、打通排气孔等，使其光亮如新。用干冰清洗，还可以避免化学清洗法对模具的腐蚀和损害，避免机械清洗法对模具的机械损伤及划伤。干冰可以成功去除烤箱中烘烤的残渣、油污以及未烘烤前的生鲜制品混合物，对其进行有效清结。另外，干冰还广泛用于舞台、剧场、影视、庆典、晚会等制作放烟效果，国家大剧院的部分节目就是用干冰来制作效果的。干冰还可用来消防灭火，如部分低温灭火器。

延伸阅读

干冰极易挥发，一旦挥发完毕，就会变成比固体体积大1000倍的气体二氧化碳。汽车、船舱等交通工具不能使用干冰，因为干冰挥发变成的二氧化碳会替代氧气而可能引起呼吸急促甚至窒息。在接触干冰的时候，谨记要戴上厚棉手套或其他遮蔽物，因为长时间让皮肤直接碰触干冰，会使细胞冷冻，造成类似冻伤的伤害。

36

怎样测量
炼钢炉的温度

中国早已进入工业化时代，炼钢、炼铁自然是少不了的。我们从电影、电视上应该也看到过工人炼钢的情景：炉火汹涌，钢花飞溅，既壮丽又好看。想要把钢、铁炼好不是件容易的事，除了要有足够的原料、燃料之外，还要把温度控制好。温度控制的关键是要准确地知道炉温。但是类似炼钢炉等容器的温度非常高，要怎样来测定炼钢炉内的温度呢？

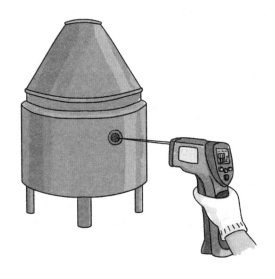

测量炼钢炉的温度当然不能用普通的温度计。因为炼钢炉内的温度可达2000℃，而普通的温度计中的酒精在78.3℃时就会沸腾而汽化，水银在356.72℃时会沸腾。除了温度计中的液体，玻璃管更容易被炼钢炉里的高温熔化。能测量炼钢炉内温度的温度计叫高温计，它能够测量高于500℃的高温。高温计主要有光学温度计、比色温度计、辐射温度计等。光学温度计是利用物体光谱辐射度测量温度的，分为隐丝式光学高温计和光电高温计。光电高温计可测量700～3000℃的高温。比色温度计可测量800～2000℃的温度。辐射温度计可根据被测物体的辐射能量来测量温度。

除以上三种高温计外，还可以用热电偶温度计来测量炼钢炉的温度。热电偶温度计利用了不同的物质有不同的热膨胀系数的特性，热胀冷缩是物体因温度改变而引起的膨胀或收缩，用热膨胀系数来表征物体膨胀程度的大小。热电偶温度计由两种不同材料的金属丝组成，两种丝材的一端焊接在一起，形成工作端，置于被测温处，另一端称为自由端，与测量仪表相连，形成一个封闭回路。工作端与自由端的温度不同时，回路中就会出现热电动势，即温差电现象，当自由端温度固定时（如0℃），热电偶产生的电动势就由工作端的温度决定，测量结果就可以显示在测量仪表上。热电偶温度计可以测量3000℃以上的高温，而且还可以测量 –200℃以下的低温。

根据热处理炉的工作特点以及热处理工艺对温度参数测量与控制的要求，高温炉温度的测量大多采用辐射高温计。为了提高辐射高温计的准确性，人们利用比对试验法，对因测物体辐射率所引起的误差进行补偿，并成功地应用于铸铁连铸生产中型材出口温度的测量。

延伸阅读

辐射高温计有折射式和反射式两种。折射式辐射高温计的接受器通常用热电堆组成，热端收集辐射能，冷端为室温。这种高温计也是有缺点的，因为物镜聚焦时有色差，它只能使一部分辐射能聚焦到接受器上而引起误差。反射式高温计是利用凹面镜将辐射能量聚焦到接受器上而进行测量的。它虽然避免了透镜存在色差所引起的误差，但因空腔敞开，很容易使灰尘进入腔内。

/作者简介/

　　李春雷，物理学博士，首都师范大学附属小学科学方向特聘专家。长期从事科技教师和小学科学教师的培养工作，致力于科技教育以及小学科学教育的理论与实践和低维半导体结构中电子的输运特性的研究，主持和参与多项国家自然科学基金项目。

策划编辑：杨丽丽　　　责任编辑：张世昌

特约编辑：尚论聪　　　封面设计：周　飞

彩虹糖童书馆
Rainbow Candy Kids' Book House